冰上求生

北极熊

探索未知 改变世界

科学大爆炸

冰上求生

北极熊

[美]贾森·维奥拉 文 [美]扎克·贾隆戈 图
许可欣 译

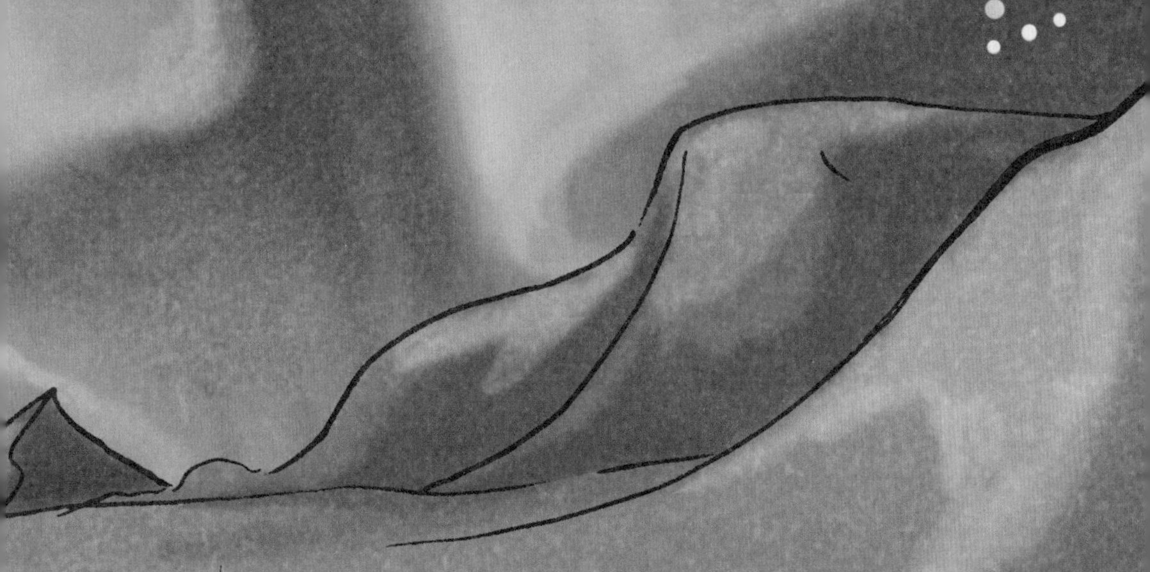

贵州出版集团 贵州人民出版社

本书插图系原文插图

SCIENCE COMICS: POLAR BEARS: Survival on the Ice by Jason Viola and Illustrated by Zack Giallongo

Published by arrangement with First Second, an imprint of Roaring Brook Press, a division of Holtzbrinck Publishing Holdings Limited Partnership

版权合同登记号 图字：22-2022-041

审图号 GS京（2023）0277号

图书在版编目（CIP）数据

冰上求生 ：北极熊 / (美) 贾森•维奥拉文 ；(美) 扎克•贾隆戈图 ；许可欣译. -- 贵阳 ：贵州人民出版社，2023.5（2024.4 重印）
（科学大爆炸）
ISBN 978-7-221-17561-8

Ⅰ. ①冰… Ⅱ. ①贾… ②扎… ③许… Ⅲ. ①熊科—少儿读物 Ⅳ. ①Q959.838

中国版本图书馆CIP数据核字(2022)第252639号

KEXUE DA BAOZHA
BING SHANG QIUSHENG：BEIJIXIONG
科学大爆炸
冰上求生：北极熊
［美］贾森•维奥拉 文 ［美］扎克•贾隆戈 图 许可欣 译

出 版 人 朱文迅 策 划 蒲公英童书馆
责任编辑 颜小鹂 执行编辑 朱春艳 装帧设计 曾 念 王学元 责任印制 郑海鸥

出版发行 贵州出版集团 贵州人民出版社
地 址 贵阳市观山湖区中天会展城会展东路SOHO公寓A座（010-85805785 编辑部）
印 刷 北京博海升彩色印刷有限公司（010-60594509）
版 次 2023年5月第1版
印 次 2024年4月第2次印刷
开 本 700毫米×980毫米 1/16
印 张 8
字 数 50千字
书 号 ISBN 978-7-221-17561-8
定 价 39.80元

前言

我敢说，如果有人拿张北极熊的照片问你是什么动物，你肯定能脱口而出。大多数年纪跟你相仿的孩子可能都能准确地回答这个问题，因为北极熊深受大家喜爱，几乎每个人都认识。你甚至不需要太多思考，就能说出北极熊的一些特征和习性，比如，它们是白色的，它们住在北极，它们在厚厚的冰面上捕食海豹。其实，四十多年前，在我开始对整个加拿大北极圈范围内的北极熊进行研究之前，我也不太了解它们在野外的生活。现在，通过书本、网络或者电视纪录片，和你年纪相仿的孩子已经了解到很多北极熊的信息。即便如此，当你打开这本令人兴奋的漫画时，你会发现自己开启了一次新的科学探索之旅，你会像科学家一样，第一次走进北极，观察、了解这些神奇的北极熊。对野生北极熊的生活有了新的认识以后，你会明白保护它们所面临的一些重大问题，这些问题正在给整个北极圈的北极熊带来巨大影响。更重要的是，你将会知道，为了保护北极熊，我们可以力所能及地做些什么。

现在，请暂停一下，想象你是一名科学家，你马上要第一次外出研究北极熊啦！在这一刻，请想象你正安静地飘在北冰洋上空，下面有许多北极熊，你可以观察它们的行为，聆听它们的交流，并且还能听懂它们在说什么！如果你真的是一位科学家，你想知道哪些关于北极熊的事呢？比如，你可能会好奇北极熊宝宝怎么学习捕猎，怎么建造自己的洞穴，怎么躲避危险，怎样寻找配偶，又是怎么在寒冷的北极地区生存。其中一些答案也许会让你感到很惊讶。当然，对我们故事中的北极熊宝宝阿尼克和伊拉来说，北极可不是一个寒冷又荒凉的地方，而是它们舒适的家！现在你可以继续阅读啦，刚刚那些问题的答案就在前方等着你。你即将学到一些让你感到震惊的新知识！

北极熊宝宝在独立生存之前，必须与妈妈共同生活很长时间（大概两年半），所以它们要一遍又一遍地观摩、学习和尝试，就和我们在学校学习一样。有时北极熊宝宝和我们人类的小宝宝一样，也无法长时间安静地坐着！

对野生动物和它们的栖息地了解得越多，我们越会对它们的未来感到担忧。你可能会惊讶地发现，就算离北极很遥远，人类也需要为环境污染和气候变化等问题负责。看完这本漫画，你就会明白为什么这些问题会影响北极熊的生活，

人类是怎么造成这一系列问题的。然而，最重要的是，如果我们付出足够的努力，完全可以解决这些问题。我们需要更多和你一样的未来科学家！请继续阅读吧！请继续探索吧！

——伊安·斯特林博士
加拿大北极熊研究专家

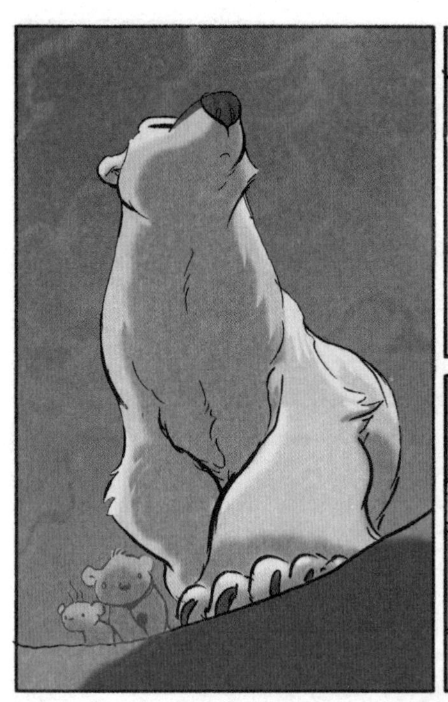

嗯……
孩子们，
往后退点。

别闹了！

妈妈！
嗖！

冰层还不
够厚。阿尼
克，不要烦
伊拉了。
我什么也
没干啊！

妈妈，
我饿了。
我刚喂
过你们。
我要真正
的美食。
什么是
“真正的
美食”？
海豹！

你先告诉我这
是什么冰。
尼罗冰！
伊拉
真棒！

这些长条是油
脂状冰在更冷
的水里形成的，
油脂状冰由冰
针凝结而成，
它太薄了……
你这个
“冰呆
子”！

那油脂状冰
代表什么呢，
伊拉？
表示秋天
来了！

阿尼克，再过
几个星期我们就可
以出去捕猎了。

无聊的一
天什么时候
结束啊？

再过几小时吧。
不过马上就要进
入极夜了。
那更
糟了。

我讨厌做
一只北极熊！
你不要
那么激动。

我真的不开心！我们
整个夏天都要饿肚子！
还要一直待在无聊的
冰面上……
冰面不
无聊！

我甚至
再也见不
到爸爸了
……
阿尼克，
你不会想见
你爸爸的。
为什么？
因为它是一只
成年雄性北极熊，
它可能会把你
当猎物杀掉。
啊呵——

阿尼克，听我说，
你才9个月大，接下
来一整年的生活都
会很有意思的。

我会教你北极熊
应该掌握的本领。比如，
怎么捕猎，怎么游泳，怎么
打架，还能吃很多海豹，
但是你得专心一点儿！

你会明白，
做一只北极熊
有好多规矩
要遵守！
这有什么
大不了的！

你想知道
有什么大不了？
那好吧，
我带你们去
看看！

第一章
重要的事！
你是一只北极熊！
Ursus maritimus
北极熊的拉丁学名

北极熊
是哺乳动物。
哺乳动物有毛、乳腺，
脑部有新皮质。
几乎所有的哺乳动物都是温
血动物（我们的体温是恒定的），
大多数哺乳动物是胎生。
我们北极熊属于食肉目。
食肉目
想和我们在同一个目，
要有锋利的爪子和牙齿，消化
系统能够消化肉类，每只脚
至少有4个脚指头。
其他的条件
可以放宽一些，
但是脚指头必须
满足要求！

熊科成员
马来熊
懒熊
亚洲黑熊
美洲黑熊
眼镜熊
大熊猫
棕熊
北极熊
在食肉目下有一个熊科，我们都是熊。
我们有很厚的毛，结实的身体，大大的脑袋，圆圆的耳朵和鼻子。
我们的嗅觉都很灵敏。
我们是世界级短跑运动员。*
*不过我们只适合短距离冲刺，因为体温会快速上升。
我们还擅长爬树。
这些不是真正的熊。
不是熊！
树袋熊
小熊猫
橡胶熊

毫不谦虚地说，我们北极熊无疑是世界上最厉害、体形最大的熊。
成年雄性北极熊的体重在500千克左右，有些甚至可以达到800千克。
我这还是空腹体重呢！
美好生活！
选择脂肪！
和其他熊相比，我们的脚掌更大！
大大的熊掌就和雪地鞋一样，把我们的体重分散到冰面上。
你拍一，我拍一……
这双爪子非常适合游泳和抓捕海豹。
我们的外貌也相当完美。
高高的眼睛能够探出水面。
长长的脖子能探到冰洞下捕捉那些上来换气的海豹。
高挺的鼻子看起来非常帅气。

那么，我们是怎么进化成最棒的熊的呢？其实，也不是一夜之间的事。
一切都得从6600万年前说起，那时有一颗小行星撞击了地球。
随着恐龙的退场，哺乳动物就此亮相。
随后，小古猫诞生了，这是一种主要以昆虫和鼠类为食的树栖哺乳动物。
小古猫便是第一批食肉动物。
不要听信传言。
半数以上的新物种都没有活过几百万年。
我听说有一种叫作“猫”的动物要出现了？
然后，大约2000万年前出现了……
晨曦熊
一起庆祝吧，孩子们，没有比这更棒的时刻了！

我们把最早出现的熊叫作“晨曦熊”，它们的个头很小。
哦。
这种熊的生活范围慢慢地从亚洲扩大到欧洲，它们不断进化，体形变大了。
它们繁衍出了不同种类的熊，不过大多数已经灭绝。
奥弗涅熊
伊特鲁尼亚熊

它们去了一个又一个地方，解开谜团，不断进化……
经历不同的爱人，繁衍出不同物种的熊……
亲爱的，你变了。
原谅我，哈罗德。
直到大约50万年前，它们才在北冰洋边缘停了下来。

大多数熊在北极的冬天
熬不过几天，因为那里的气温
会骤降到零下40℃以下。
下……下一年，
我计……计划……
春天休个假。
但是，冰天雪地
对北极熊来说不是
什么大问题！
这种惬意
生活，那些熊都
无福消受。
北极熊厚厚的毛
可以储存大量的空气，
防止热量散失。
在北极熊厚厚的皮毛下面，
有一层厚达11厘米的脂肪，
成年雄性北极熊和待产的雌性北极熊
腰部的脂肪更厚。
虽然皮毛和外面的空气
一样冰冷，但皮毛下的
身体却特别暖和。
零下40℃
37℃

保持凉爽
小技巧!
酷
棒
酷

北极熊的保暖能力特别强，对于我们来说，有挑战性的并不是保暖，而是避免体温过高！

一、不能长跑！
我要打破纪录！

二、太热了就跳进水里凉快一下！
扑通!

三、夏天的时候，什么也不要做，躺着就好了！
哈得孙湾热点追踪!
都是为了我自己好啊！

为了减少热量散失，
我们的一些器官长得
比较小，比如，
小耳朵……

小尾巴！
小但是很
重要哦！

警告：
任何时候都不要把尾巴翘起来，
这样体内的热量会散失……

可是，
嗯……

只有拉大便
才可以把尾巴
翘起来哦！

舒坦！
非礼勿视，
谢谢！

我们能够保持
体温与我们的毛
也有关系。

北极熊的毛并不是
白色的，它其实是透明的。

也就是说，
我们的毛一点儿
颜色也没有。

不管什么颜色
的光照在上面，都会
被反射回去。

北极熊的毛
下面……
北极熊
剃须膏

是纯黑色的皮肤。

北极熊的毛有两层：
内层是又软又短的绒毛，
外层是又长又粗的针毛。

科学家认为，北极熊的身体散发热量时，它们透明的毛会反射身体的热辐射，黑色的皮肤会把热量吸收回去。
休想出去！

怎么样？
我早就说过做一只
北极熊很酷！
也许吧。

妈妈还有
好多事情要
告诉你们。
我们现
在可以聊聊
冰吗？
哈
快了，
小可爱，
但不是
现在。

现在就说，
好不好？
现在我们
正在练习
耐性。

那好吧，
我等着。

现在呢？

三个星期以后……

九十二个冰晶，
九十二个冰晶，
拿一个下来！
剩下……

……九十一个冰晶……
妈妈，什么时候才能看到海豹？

……九十个冰晶，九十个冰晶，拿一个下来……
可能看不到哦。
为什么？

因为它们大老远就听见阿尼克的歌声了。
对不起。

我们要去哪里？海豹总是在一个地方出现吗？
可以这么说。不过我们去那边的路线会变。
为什么呢？

因为那边没有站立的地方，我们需要等海面结冰。

“多年冰”从来不会完全融化。
没错，伊拉，但是那边太远了，而且那边没有多少海豹。

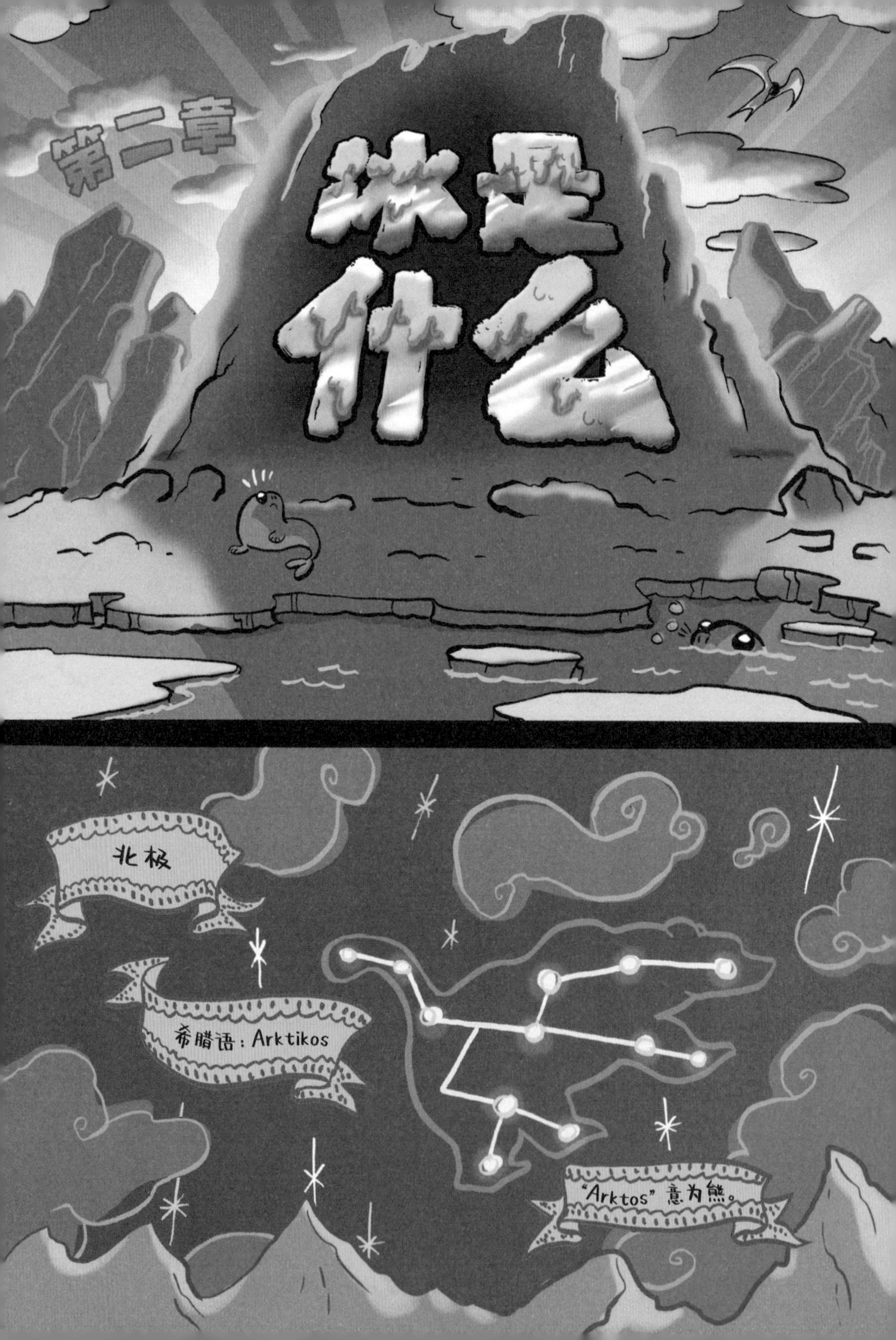
第二章
冰是什么
北极
希腊语：Arktikos
“Arktos”意为熊。

我们住在一大片
被陆地包围的海洋上。
我就站在
真正的世界
之巅！
阿拉斯加州
北极地区是地球
最北端的一片极寒之地。
浮冰漂浮在海洋表面。
俄罗斯
北冰洋
北极
格陵兰岛

北极地区示意图

在开阔的海域，浮冰不断地漂离、滑动，然后又聚在一起变成大块的浮冰。

浮冰是北极熊的地盘。

这并不是
浮冰
别被这些“冒牌货”骗喽！
冰山
小朋友，我是浮冰。
你不是！冰山是冰川断裂后掉入海里的巨大的冰。
固定冰
我是你们的好朋友浮冰！
你骗不了我！你还连着陆地呢，根本没法移动！
意大利冰
不！你不是海水结的冰——你不过是柠檬冰沙。

世界上有很多不同种类的浮冰。
等等！我可以给它们命名吗？
当然，不过不是所有的浮冰你都可以命名。不如你先来告诉我们冰是怎么形成的吧。
好呀！
当海水温度足够低的时候，海洋里会形成冰晶，它们会浮到海面上。
这叫作冰针。
噢！
哈！
然后它们会随着海风和海浪到处漂流。
哈哈！
小心！
在平静的水域，针状冰晶开始粘在一起，像“浓汤”一样。
它们变成了油脂状冰。

随着冰不断地冻结、变厚，油脂状冰变成了薄片状的有弹性的尼罗冰。
在漂流的过程中，尼罗冰在彼此表面滑动，凝结成一大块底部光滑的冰。冰块底部会有海水不断冻结，形成向下延伸的长长的冰晶，这种底部会结冰的冰块被称作凝结冰。
但如果海面波涛汹涌，冰针就会形成饼冰！
枫糖浆
美味！
海浪会把饼冰抛起来叠在一起，这样冰就变厚了。
小心！

然后它们开始
互相撞击。
抱歉！
嘿！
不管是油脂状冰
还是饼冰，最后都会
形成大块浮冰。
哪怕只有
一小会儿……
大块浮冰常会碎
成自由漂荡的小块浮冰。
有时，它们会和别的浮冰
聚合成一块。
可以一起
玩吗？

非常好，伊拉，
看来你做了不少
功课啊！

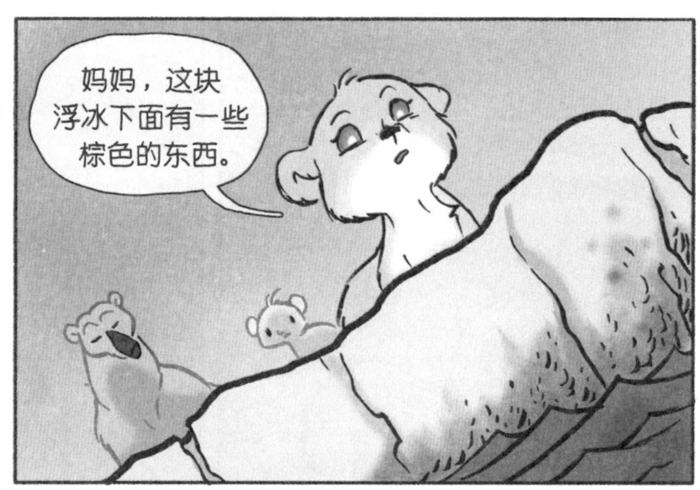
妈妈，这块
浮冰下面有一些
棕色的东西。

等到春天的时候，
这些棕色的东西就能
发挥它们的作用了！
这表示这块浮冰很健
康，也是我们选择
它的原因。

冰针上升到海面的时候，
会携带一些微生物。
呀！
啊！
保护
好自己，
多蒂！

那些混合在油脂状
冰里的藻类会在大浮
冰底部安家。
海底诱捕
要不搞
个聚会？
这里
我谁也不
认识。

等等，那
些脏脏的冰是
有生命的？
对啊！

真酷！
不过，幸好
它们在下面。
它们待在
底下是有原
因的。

你们知道
盐度是什么
意思吗？
是海水的
含盐量！

海水的盐度很高，
所以结冰的速度不如
淡水。海水结冰的
时候，会排出
里面的盐。

确实如此。
如果冰在阳光下融化，
那些单细胞的硅藻
就自由了。*
哈哈！
我以为
春天不会
再来了！
*所有的藻类都会自由，
我们先看看硅藻吧。

冰水比海水轻（冰水
盐度低，所以密度更小），
融化的冰水会带着藻类
一起浮到海面上。

然后它们会
大量繁殖。
什么
情况？！

藻类会吸引桡足类动物和
其他一些浮游植物。

它们是鱼类的食物，
鱼类引来了海豹，
而我们捕食海豹。
硅藻
嘘！
海豹
（环斑海豹
和髯海豹）
哗！
磷虾
北极鳕

那些海豹在哪里呢？
我好饿，我甚至想
吃硅藻！
好恶心！

走了，
我们去那块
大浮冰。

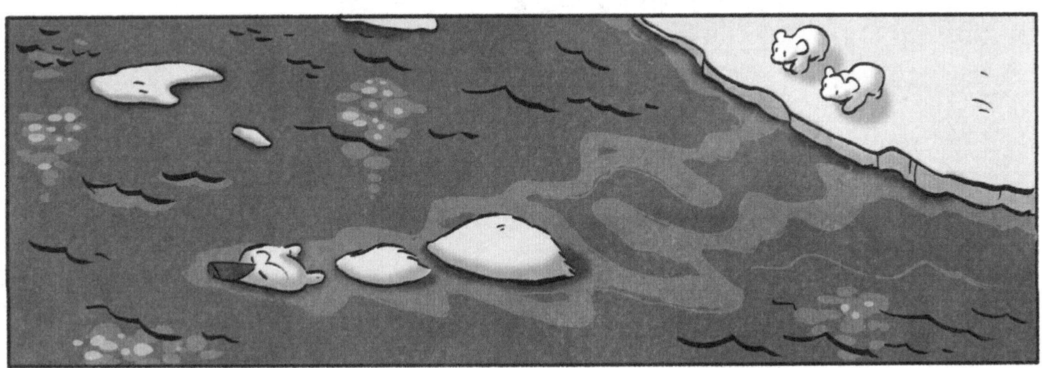

来吧，阿
尼克，别瞎
想了。
扑通！

学习游泳
一、把头高高地露出水面！我们的长脖子可不仅仅是为了伸进海豹的呼吸孔。
错误！
正确！
二、两只前掌交替做近似圆周的运动，不断划水。
小贴士：不要用力过猛！体内的脂肪能让我们浮在海面上，如果你愿意，也可以停下来休息。
三、蜷起后爪，用它们来控制方向。
现在你游得像一只北极熊啦！

北极熊作为海洋
哺乳动物，是世界级的
游泳健将。

北极熊一般可以游
50千米远，不过目前的
最高纪录是687千米。
保持专注！
一口气游完最后
的100米！

冬天的时候，我们可以游到另
一块浮冰上寻找猎物。夏天的时候，
我们可以通过游泳降低体温。
真是不错的
放松方式！

注意：带着小宝宝的北极熊妈妈们应
该避免远距离游泳。北极熊宝宝的脂肪
层没有那么厚，无法承受长时间游泳造
成的热量消耗，很容易导致低体温。
尽量不要超过
10分钟，如果必须要游
很远的距离，那就把你
的宝宝放在背上。

你们俩
都游得不
错哦！

呼——
呼——

你们看到
了吗？

海豹！
嘘！

第三章
如何进食海豹

我偷偷游到它身后，你俩在这里安静地待着，要有耐心哦！
嗯！
好的！
待着不要动，仔细观察我是怎么做的。

你们谁能告诉我那是什么海豹？

髯海豹。
对！髯海豹比环斑海豹体形更大，想要抓住它们并不容易。

北极有很多种海豹。
欢迎预定海豹大餐！
环斑海豹……超值套餐
髯海豹……超大份
竖琴海豹幼崽……（应季）
海象……（可能有货！）
白鲸……（售罄！）
配菜
海草
鹅蛋
海雀宝宝
尝一尝美味摇摇冰！
限时出售
超市
合作
环斑海豹是新鲜的还是冷冻的？

环斑海豹数量最多。它们体形较小，生活在坚固的大块海冰下面。
北极熊是世界一流的游泳健将，但仍然无法和海豹匹敌。
绕过！
我可不这么想！

所以它们待在水下，用前肢上的爪子在冰上刨出呼吸孔。
咦，那个孔在哪里来着？

啊哈！

咕嘟！
咕嘟！
咕嘟！
机会来了！

闻一闻
北极凉爽的
空气！
深呼吸！

不过，每只海豹
都会凿多个呼吸孔，
谁也不知道它下次会
从哪个孔上来。
嗨！

捕食环斑海豹最好
的时间是晚春，那会
儿海豹宝宝刚出生。

它们没有生活
经验。
嗨！

髯海豹体形巨大，大概有5个环斑海豹那么大。
它们的数量没有环斑海豹那么多，也更难捕获。

我们真正喜欢的并不是海豹肉……
美味！
气管
肺
心脏
好吃！
没兴趣！
肝
最可口！
膀胱
恶心！
小肠
后肢
而是脂肪！
寒冷的冬天，淡水很难获取，而消化肉里的蛋白质需要淡水。相比而言，海豹脂肪很容易消化，热量也很高！
吃什么我都喜欢抹一点儿！
海豹脂肪

好了，你俩在这里藏好，不要出声。

扑通！

哗！

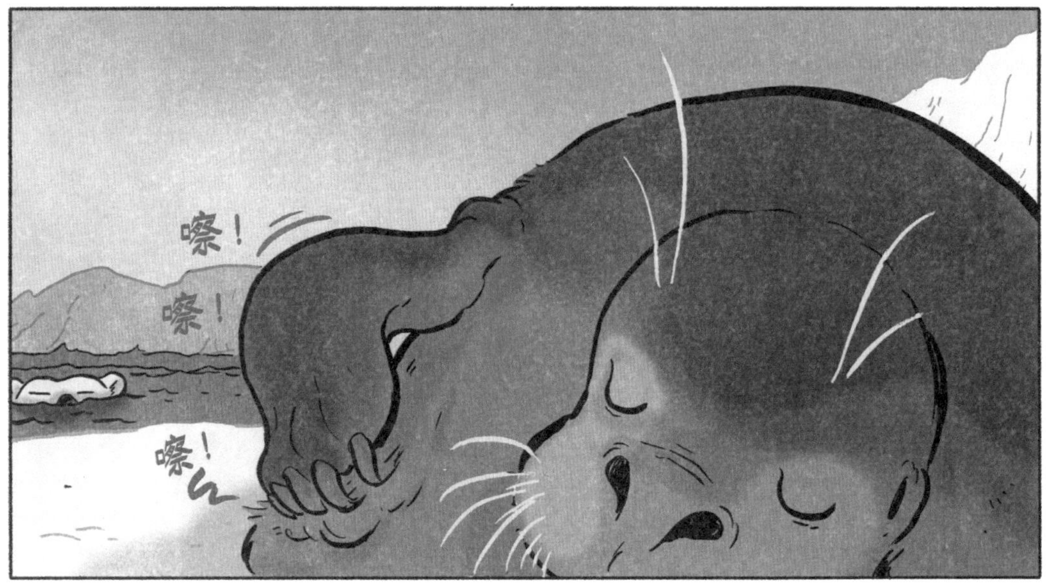
嚓！
嚓！
嚓！

嘣！

瞧这只肥
美的海豹！

嗷呜！

海豹为
生存而战！

你完了，海豹！
还早呢！
唰！
接招！
唔！

哈！哈！哈！哈！
哈！
哈！
哈！
哈！
哈！

哗啦！
刺溜！

投降吧！
绝不！
啊！

嘿！！！

我刚刚
怎么说的，
嗯？
躲好，
安静地
待着。

我才走了两分钟，
你俩就开始闹，那么大
声，整个北极圈的海豹
都被你们吓跑啦！
对不起，
妈妈！
咚！

孩子们，你们现在
过得很不错，饿了有人
照顾，可是妈妈不能一
直待在你们身边。
很快，
你们也要整
天抓海豹。
周二必做清单：
找海豹
抓海豹
吃海豹
睡觉

没有海豹，你就会
迷失。海豹是北极熊生命
中很重要的一部分。
海豹
你知道吗，什么都比不上
海豹……

你们该开始学
习抓海豹了。
好呀！
这也意
味着……

学会安静，
学会专注，
保持耐心。
嗒嗒！

首先要找到海豹。我们从空气中嗅出海豹的气味。
嗅——
嗅——
北极熊的嗅觉比其他熊的都要灵敏。
被半米厚的雪覆盖的冰面下的海豹，我们也能闻到。
嗅——
有没有发现什么？
我只闻到了伊拉身上的臭味！
妈妈！

一旦发现了海豹，我们有两种策略可以选择，不同的策略会有不同的技巧。
官方策略1
悄悄跟踪
策略

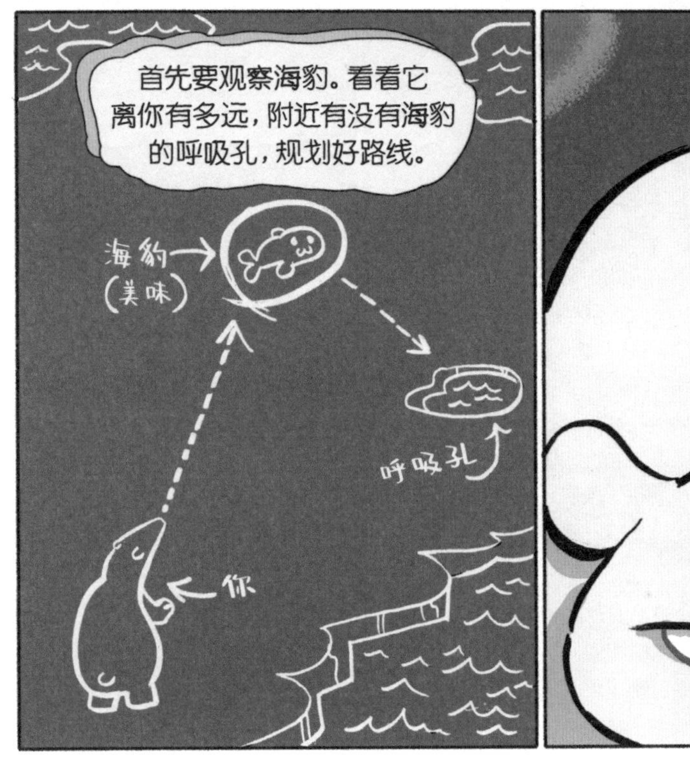
首先要观察海豹。看看它离你有多远，附近有没有海豹的呼吸孔，规划好路线。
海豹（美味）
呼吸孔
你

想要抓到海豹，要尽可能悄无声息地靠近，不要惊动它。

如果没有躲藏的地方，
你就趴下来贴着冰面直
线前进。慢慢往前走，
动作不要太大。
伺机而动，
千万不要心急。

差不多离海豹30—40米
（或者你确实等不及了）
的时候……

冲啊！

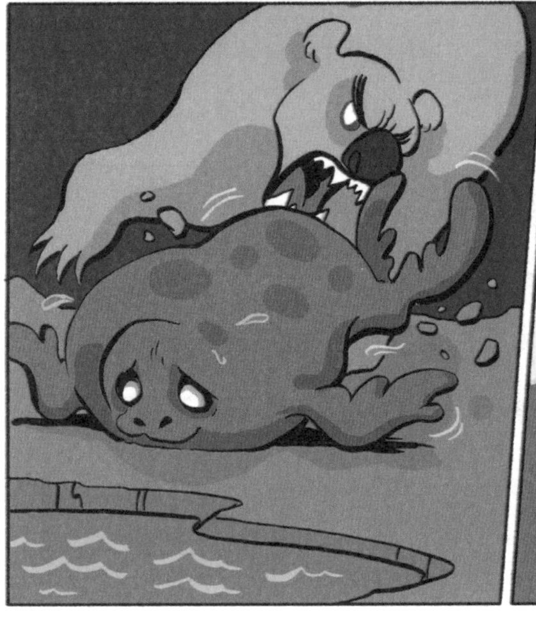

一口咬住它的头，
拖着它远离呼吸孔，
那样它就逃不掉了！

有一种极少发生的理想状况：当海豹妈妈和宝宝同时出现在冰面上时，发起突然袭击，它们没法一起钻回去，那你的晚餐就有着落了。
我为可怜的海豹感到难过。
那你觉得那些被海豹吃掉的鱼可怜吗？
一点点吧。
伊拉，这并不残忍，我们爱海豹。
因为爱它们，所以才想把它们装进肚子啊！

当然，我们也可以
在水下悄悄地跟踪！
有些北极熊
把这个叫潜
水跟踪。
和之前一样，
你需要保持
安静……
认真地规划
好路线。

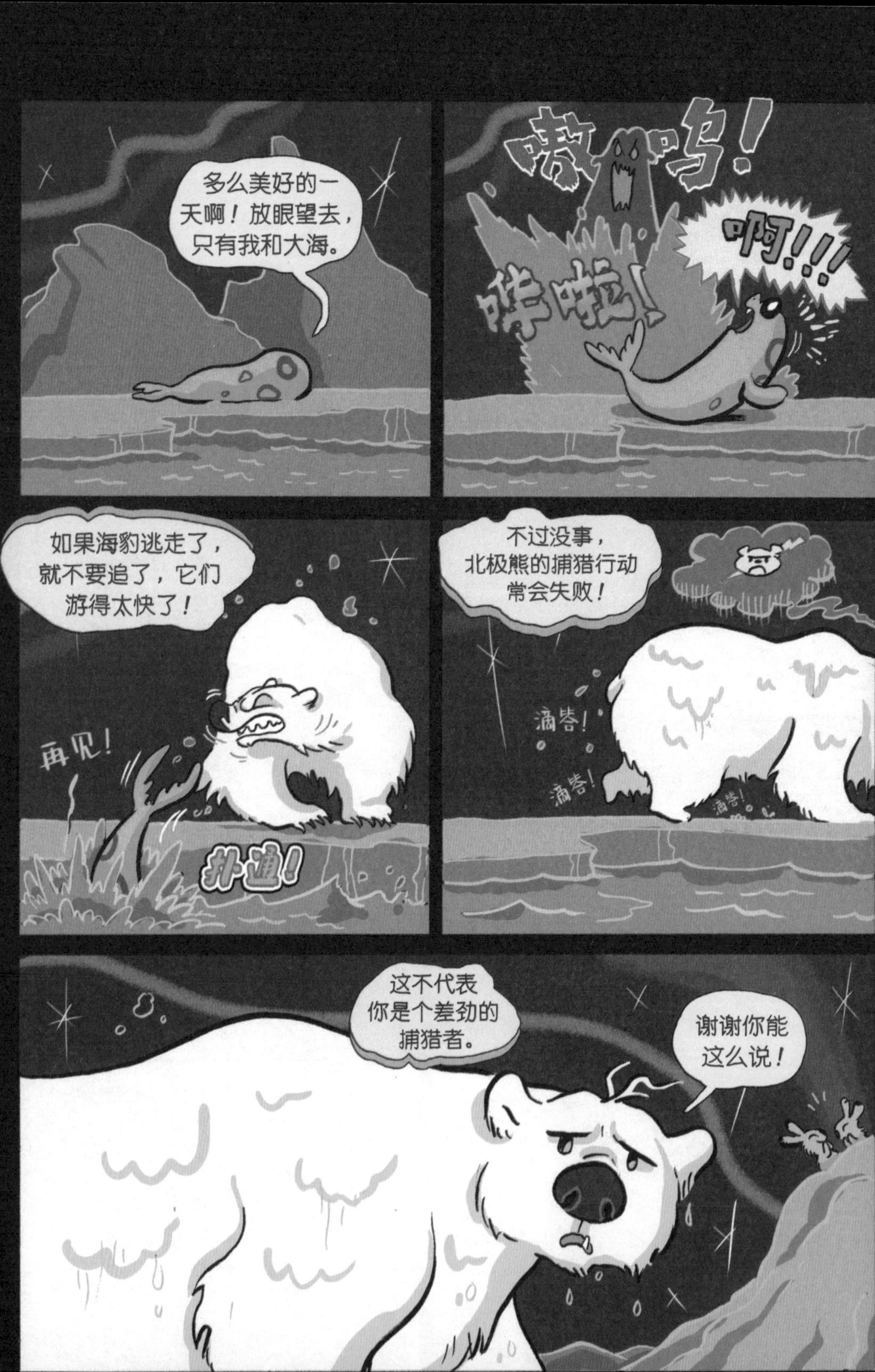

多么美好的一天啊！放眼望去，只有我和大海。
嗷呜！
哗啦！
啊！！！
如果海豹逃走了，就不要追了，它们游得太快了！
再见！
扑通！
不过没事，北极熊的捕猎行动常会失败！
滴嗒！
滴嗒！
滴嗒！
这不代表你是个差劲的捕猎者。
谢谢你能这么说！

虽然悄悄跟踪很好玩，
但是在呼吸孔旁边伺机而动
也是不错的捕猎方式。
你可以站着、
蹲着或者直接趴下，
把下巴贴近呼吸孔。
策略
官方策略2
静静守候
小贴士：
如果你找不到
呼吸孔，也可以
待在大块浮冰
边缘。

不要把头抬起来，
越低越好！
哈哈，
还想骗我。

不要随便乱动。
你在冰面上做小动作发出
的声音，海豹在水下很远
的地方就能听到。
咔嗒！
嘎吱！
咚！
唉，我
们换个地方
玩吧。
北极熊最
坏了。
苔原和
海妖

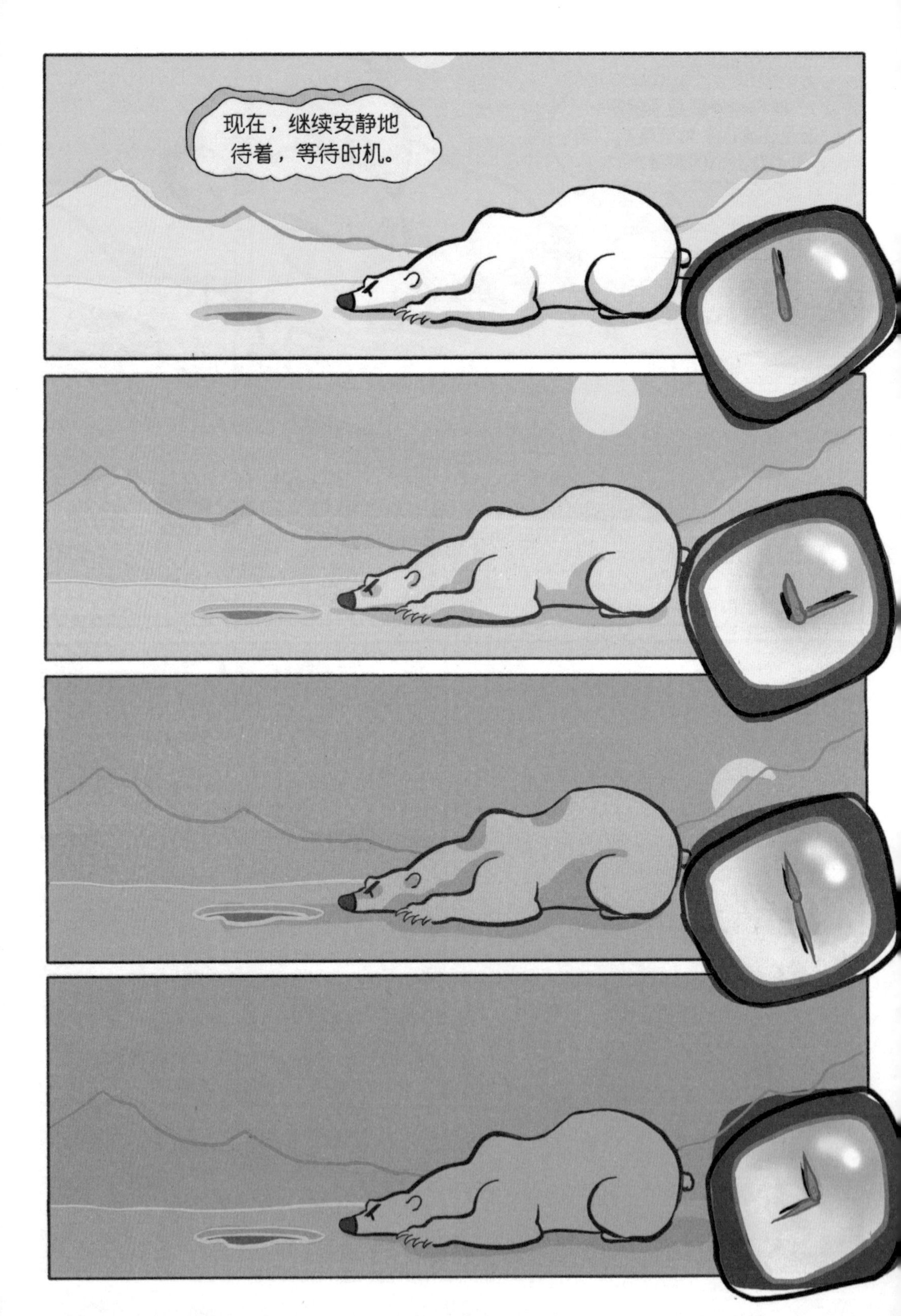
现在，继续安静地
待着，等待时机。

咕咚！

上来吧！

然后杀死他！

官方策略3
捣毁洞穴
策略
第三种策略？你不是说只有两种策略吗？
我说过吗？
是呀！
好吧，第三种其实是前两种策略的结合，是一种奖励策略。
奖励策略
这一招你们可以在冬末和春季使用，那个时候海豹呼吸孔被雪堆覆盖着，海豹妈妈会在呼吸孔上面的雪里清理出一块地方生小宝宝。

首先，在风中嗅一嗅，确定海豹的气味来自什么方向。

静悄悄地循着气味找过去。

发现了目标之后，就安静地在那儿等着，因为脚踩在雪地上的声音会通过冰面一路传到水里。
这里！

一旦你听到或者闻到雪下面有海豹，慢慢举起你的前爪……
用力地捣破海豹的洞穴！
哗！
我把这叫作“阿拉斯加式撞击”。
哈哈！
毁灭吧！
嘣！
毁灭！
哈哈哈！
嘣！

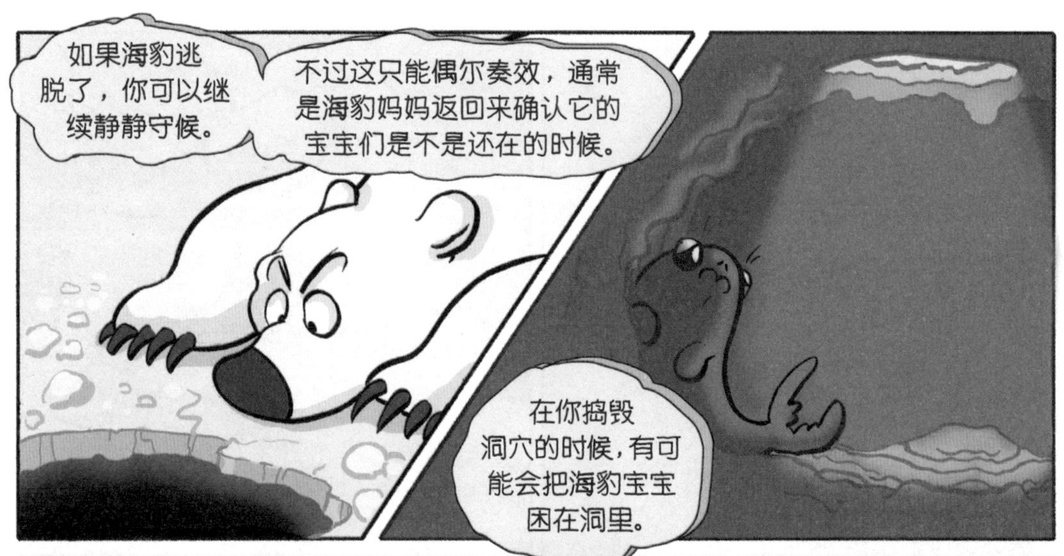
如果海豹逃
脱了，你可以继
续静静守候。
不过这只能偶尔奏效，通常
是海豹妈妈返回来确认它的
宝宝们是不是还在的时候。
在你捣毁
洞穴的时候，有可
能会把海豹宝宝
困在洞里。

它无路可逃了。

我看到了
一只，妈妈，
一只大的！

你确定吗？
是什么气味？
嗅——

像是
海豹！
哈哈，不是哦，
阿尼克，那是
一只海象。
我们也能吃
海象吗？

嗯……
关于海象……

一只海象重达
1000多千克，很美味，
但是很难捕获。
我觉得
你根本抓不
到我！

我的皮肤很厚，
很粗糙，还有很多褶皱，像
一副盔甲，你的牙齿和爪子
对我根本构不成威胁。

当然，你也可以试着咬一咬我
的皮肤，我可能直接把你扔进
海里，去跟小鱼做伴。

扔进去之
前我会先用我
一米长的獠牙
刺穿你！
妈呀！
我知道了。

只有最强壮的成年
雄性北极熊才能捕杀
一头那样的海象。
最棒的
海象聚会

海象喜欢跟它的家人和朋友
在一起搞各种大型聚会。
海伦，我好
喜欢你胡须的
新造型！
嘿嘿，
谢谢。
只要你跳到
中间，就会引起
一阵骚动。
啊——
北极熊！！！
这非常危险，
不过在慌乱中你
可能会逮到一只
海象宝宝。

妈妈……
嘘，我也闻到了。

哗！

哇……潜水跟踪！

滚呀滚！
滚呀滚！
滚呀滚！

你能看到妈妈吗？
她在晾干身体。

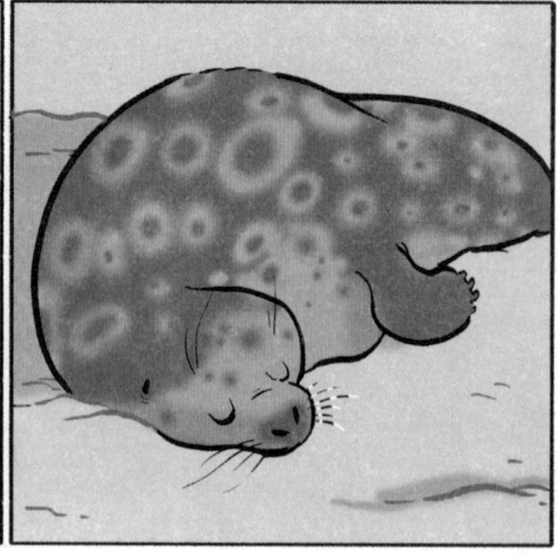

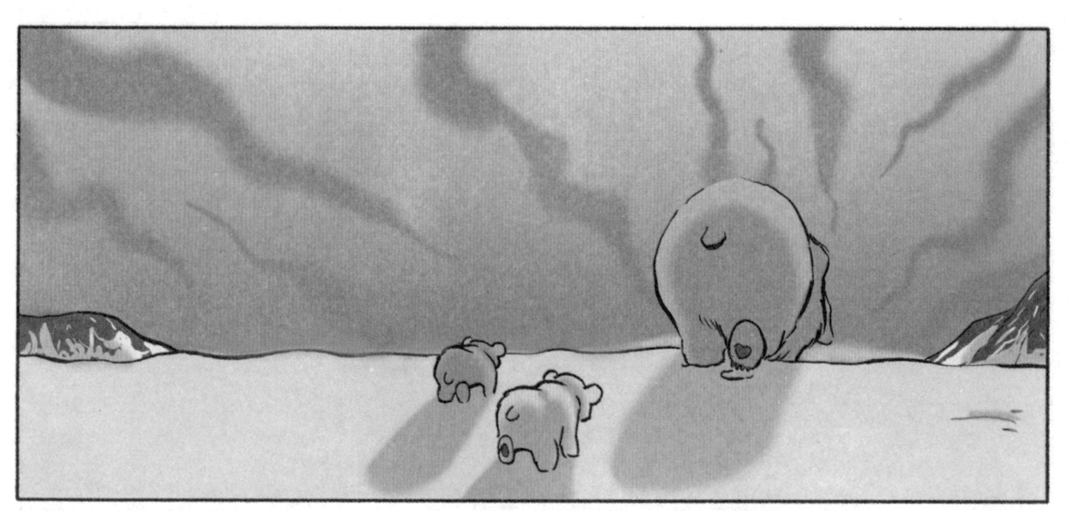

静静守候也
太无聊了！
要有点
耐心……
哈——
砰！

吃早餐喽！

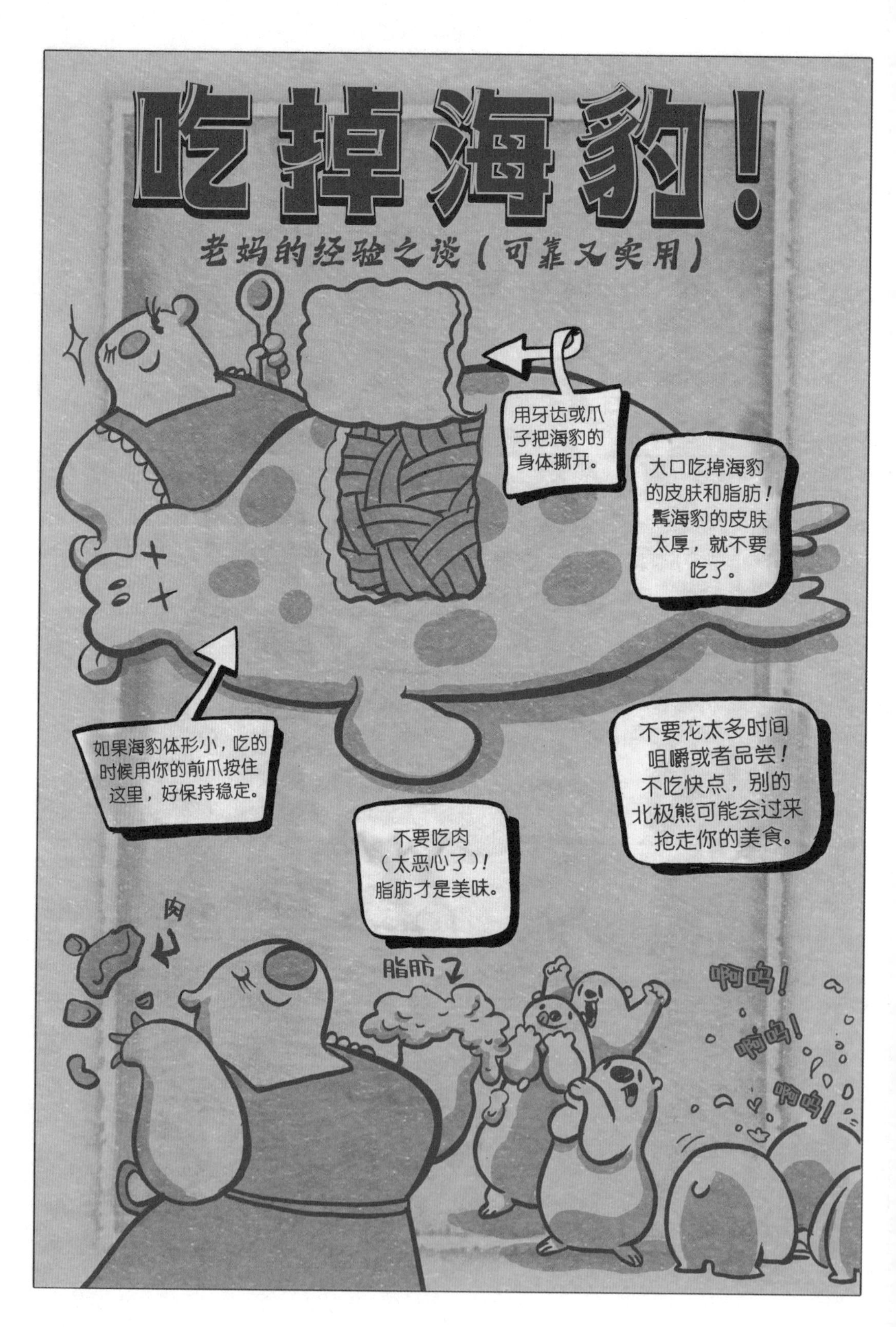
吃掉海豹！
老妈的经验之谈（可靠又实用）
用牙齿或爪子把海豹的身体撕开。
大口吃掉海豹的皮肤和脂肪！髯海豹的皮肤太厚，就不要吃了。
如果海豹体形小，吃的时候用你的前爪按住这里，好保持稳定。
不要花太多时间咀嚼或者品尝！不吃快点，别的北极熊可能会过来抢走你的美食。
不要吃肉（太恶心了）！脂肪才是美味。
肉
脂肪
啊呜！
啊呜！
啊呜！

真好吃！

好了，
我们该去清洁
一下了！

想要再吃一顿这样的
大餐可能要等几天……不过冬天
快来了，在其他熊类冬眠的时
候，反而正是我们北极熊
大放光彩的季节！

冬天

退后！

别怕，
它威胁不到我们，它已经饿得没力气了。

它妈妈去哪儿了？

它妈妈不在
它身边了。
是死
了吗？

因为它快
成年了，它妈妈
春天的时候就
离开了。

啊，我要
妈妈一直在我
身边。
离别的一天
会比你想象的
来得快……
第四章
什么在
等着我？

当北极熊长到两岁半左右，它们就会离开妈妈，独立生活。
妈妈把生存技能都教给北极熊宝宝后，就准备组建新家庭了。

成年之前还有大约三年的亚成体阶段，这是一个充满艰难和危险的时期。
哼，我才不在乎这些。

之所以艰难，是因为它们还不是很成熟的猎手。
即便幸运地抓到猎物，也很容易被抢走。

太不公平了！

确立你的家域
呼
家域是一个很宽泛的定义，北极熊的家域一般在78 000平方千米左右，不过这个范围并不是固定不变。
禁止进入！
换一个有不同类型的冰的海域，这可能会提高你捕猎的成功率！
选择一个你熟悉的区域，比如你的出生地附近。如果第一年没有定下来，也没关系……
海域点评
熊掌42
天哪，这里有北极地区最肥美的海豹，太好了。
暗冰23
我每年都来这里，等待是值得的。
普里齐89
真差劲，不明白怎么回事……
同一片区域，在不同的年份，情况可能完全不一样。

生活在一个“移动”的世界就是这样。其他熊类可以每年回到同一片浆果丛或者有鲑鱼的河流，但是北极熊要到处去寻找猎物。

如果北极熊妈妈在浮冰上做窝产崽，一个冬天过去，它可能会跟着浮冰在海上漂流几百千米。
?

大多数北极熊会在陆地的雪堆上刨一个洞作为产房，来年也会回到同一片区域生产。

信号须知：

从场边直接进攻

从场边直接进攻

走开！

首先，花点时间
打量一下你的对手。
过来啊，
哥们儿！
你过来啊，
老兄！
不，你
过来！
咯咯！

一旦感觉到对方
放松警惕……
发起攻击！
你太
弱了！
再来一次！

哇！

来吧！

砰！

给你妹妹一次机会，阿尼克，她比你瘦小。
出击！

较年轻的成年北极熊
聚在一起时也会打斗。在捕猎
之前，可以通过这种方式
发现自己的优势和弱点，
找到适合自己的捕猎策略。

来点真格
的吗？

你可能会为了保护
食物和其他北极熊打斗，
伊拉则可能是为了保护
它的宝宝。
嘿！
阿尼克可能还会
为了争夺配偶和其他
雄性发生冲突。
我打！
我闪！

配偶？

出击！

再过几年，你就会发现你越来越喜欢雌性北极熊了。
酷
每年春天，只有三分之一左右的雌性北极熊能够出来交配。（其余的三分之二在忙着照顾它们的小宝宝。）
所以竞争很激烈。
在你8岁左右，你会觉得自己能和其他的北极熊一较高下了。*
你在和我讲话？
想找到雌性北极熊，你得认真搜寻。
*不过大多数北极熊一直到10岁左右才算得上成功。
雌性北极熊的脚印会散发出发情期独有的气味，能引导你找到它。

约会
可以和不可以

可以！
并肩漫步，含情脉脉地看着它，
让它知道你对它感兴趣。

可以！
经过几天的相处，建立信任
之后，可以抚摸和舔舐对方的脸颊，
大方地展示你的喜爱之情。

不可以！
这有点
过头了。

不可以！
一言不合就动手，
没有哪只北极熊愿意在
发情期感受到威胁。

可以！
打滚和嬉戏，约会
就要开心一点儿！

我才
不要和谁
亲吻。
我觉得
很甜蜜啊，
找到了
真爱。
好吧……
一旦你们交配成功……

雄性北极熊就
要离开了。
等我
电话。

过几年你们可能还会见面，
不过不要抱太大希望。
哼，反正
我不需要
它了！

现在知道为什么
你们的爸爸不和我们
在一起了吧。

虽然卵子在春天便已经受精，但是北极熊妈妈一直到秋天才会正式进入孕期，这叫“延迟着床”。
在此期间，她可以集中精力捕猎。

北极熊妈妈需要摄入大量的热量，为在洞穴中分娩和哺乳做好准备。
那只海豹只有2000卡的热量？
热量表

建造你的第一个洞穴
建造洞穴时，最重要的考量可能是寻找合适的地点。绝大多数北极熊妈妈都会选择在陆地的雪堆上建造洞穴。
?

雪太浅了，塞不下你和你的小宝宝。
刚下的雪，顶部很容易坍塌！
雪太厚了，需要有空气进入洞穴才能呼吸。
你可能会花好几天时间长途跋涉，去寻找合适的地点。慢慢来，你可是要在里面住四五个月呢！

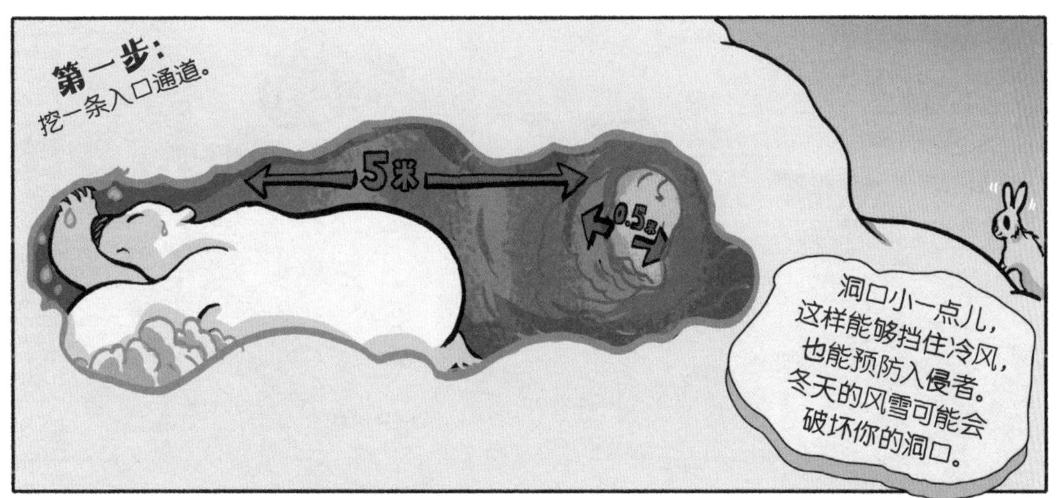
第一步：
挖一条入口通道。
5米
0.5米
洞口小一点儿，这样能够挡住冷风，也能预防入侵者。冬天的风雪可能会破坏你的洞口。

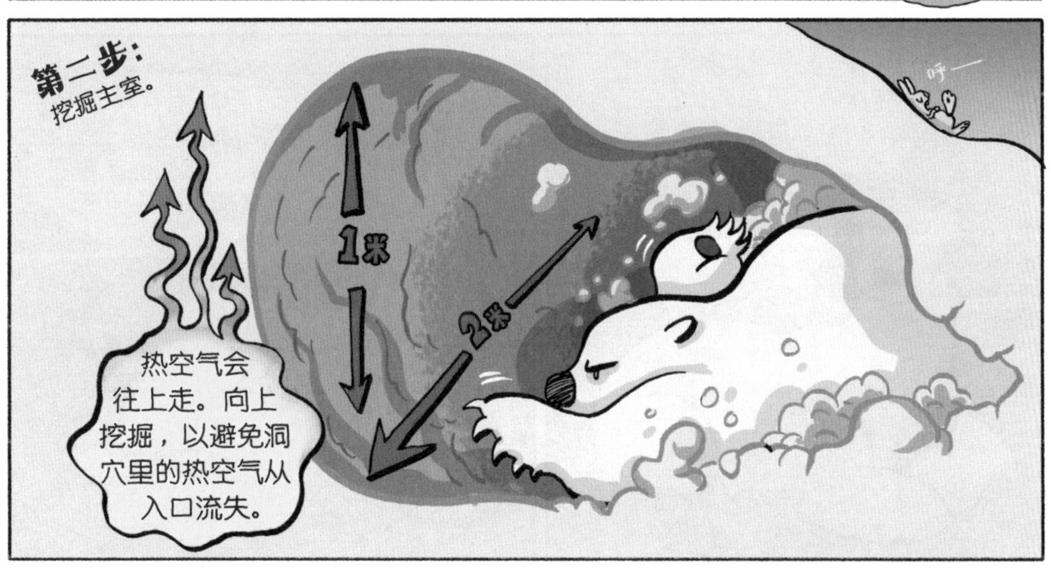
第二步：
挖掘主室。
呼——
1米
2米
热空气会往上走。向上挖掘，以避免洞穴里的热空气从入口流失。

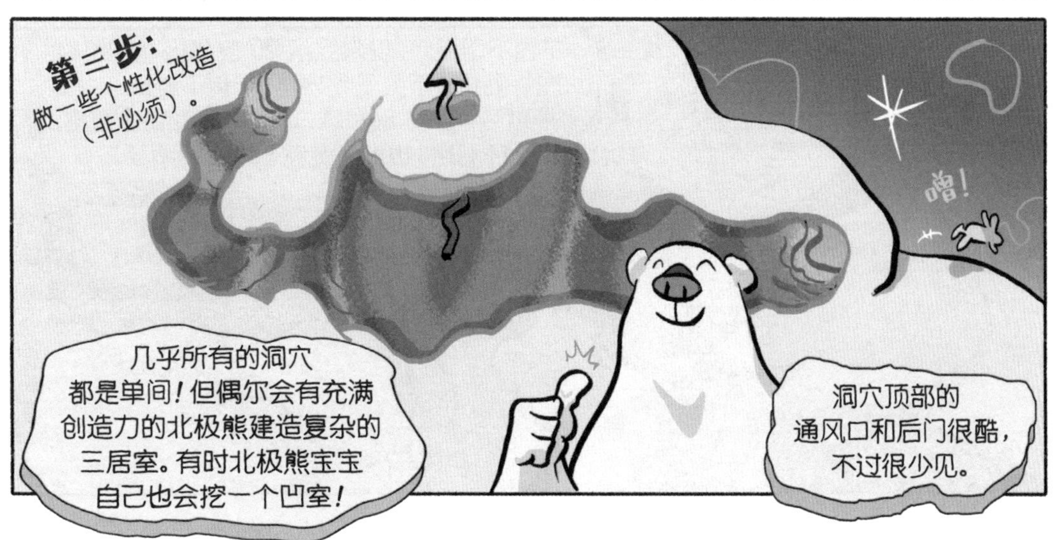
第三步：
做一些个性化改造（非必须）。
噌！
几乎所有的洞穴都是单间！但偶尔会有充满创造力的北极熊建造复杂的三居室。有时北极熊宝宝自己也会挖一个凹室！
洞穴顶部的通风口和后门很酷，不过很少见。

挖好洞穴之后，
好好享受一下自己的劳动
成果，睡个长长的懒觉。

刚出生时，北极熊
宝宝看不见东西，
也没有牙齿。
它们大约有30厘米
长，700克重。

妈妈用营养
丰富的乳汁喂养三四个
月之后，它们的体重可
以增加7—11千克。

这段时间
妈妈无法进食，
体重可能会下
降一半。
不过不用担心，虽然会很饿，但北极熊的肌肉
和骨骼几乎不会受到损伤。一旦不进食，北极
熊就会进入休眠状态，体内的废弃物会被循
环利用（也就是说你不用上厕所了）。
不要分心哦！

洞穴维修与保养
冬天，北极熊的洞口会被大雪覆盖。这样既有利于你更好地隐藏，也能阻挡冷空气。
但进入洞穴的空气也会大大减少。
刺啦！
刺啦！
继续向上挖，不能让顶部的雪太厚。
暴雪过后，赶紧挖，你不想在洞穴里窒息吧！
特别提示
吃掉小宝宝的粪便可以让洞穴保持干净！
超级干净！

太恶心了。
度过隆冬最黑暗、最难熬的日子非常不容易。不过，一切都是值得的。
你们俩就是黑暗中的光！

春天

当心那只北极熊，它可能不想和我们分享美食。
为什么？那头鲸肯定不是它杀死的。
试着跟它沟通一下。

用餐礼仪
是谁规定北极熊必须孤军奋战？和朋友一起分享大餐不是更令人满足吗？
玛莎，你女儿长得好快！小可爱，你几岁了？
她害羞了。
但是，千万不要以为它会欢迎你一起享用！你可以在旁边转一转，观察一下它的态度。
萨尔，你真厉害啊！
谢谢。
你可以和它轮流进食，但是注意礼貌，别吃太多。
朋友，都给你了。

目不转睛

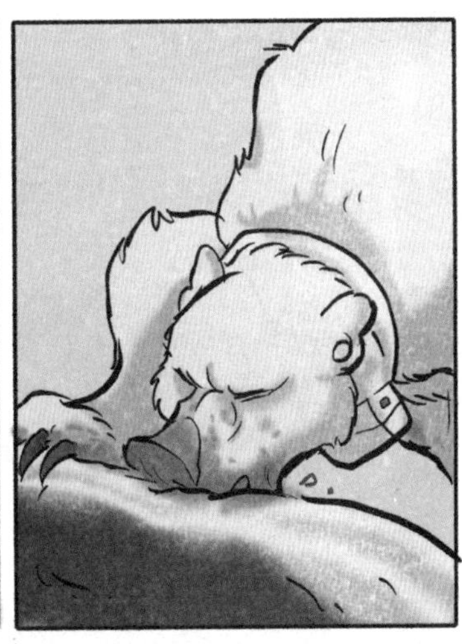

它同意和我们一起享用了！过去找个位置吃吧。

妈妈，那只北极熊怎么了？

它们是从天上来的！

有一天，我和平时一样
走在冰面上，突然发现天上
有个东西在跟着我。

它离我越
来越近！

啪！

我还没反应过
来，他们就朝我射
了一支飞镖！

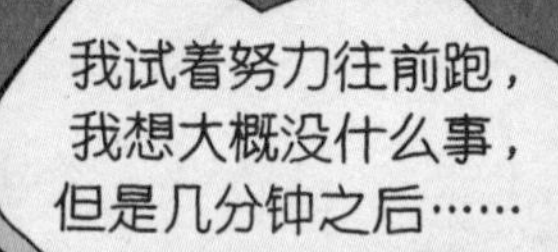
我试着努力往前跑，
我想大概没什么事，
但是几分钟之后……

呼——

你俩能
别管这只倒霉
的熊，专心吃你
们的饭吗？

我大概晕了30分钟，
醒来后我发现脖子上戴
着这个项圈，耳朵上也
被穿了一个东西。

后来我发现他们还在我的嘴唇
上做了个记号，并撬走了我的一
颗牙，虽然那颗牙我平
常也不怎么用……
61058

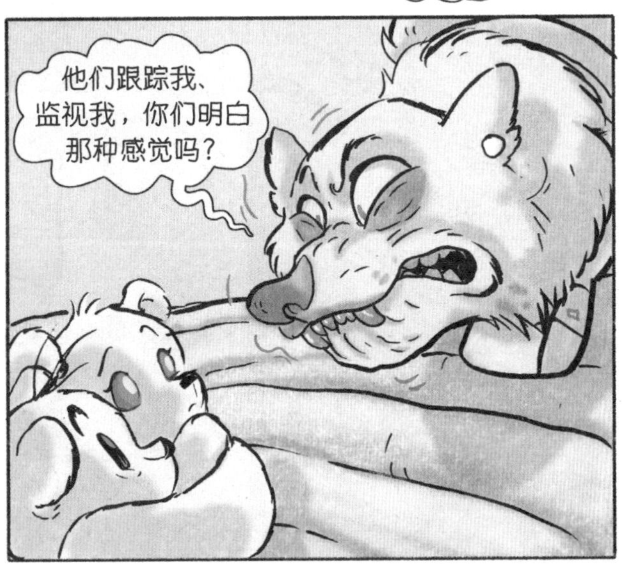
他们跟踪我、
监视我，你们明白
那种感觉吗？

别说了，
它们不明白，
它们还小。

总有一天
他们也会盯上
你们！
它说的是
谁啊？

人类。那些人类
科学家想对我们开
展研究，然后来帮
助我们。
你见过人
类吗？

我见
过。

在我还未成年的时候，
我和几个小伙伴会去人
类居住的地方探险。

我听说过有饥饿
的北极熊攻击人类，
但我从来没有。
不够
肥美。

我只是随便
找些我能找到的
食物或垃圾。

危险
只是这样，他们
就会把你关起来。

我们和人类的关系很复杂，不过他们来了之后确实没有发生什么好事。
以前，人们曾捕捉北极熊，然后带着我们满世界展览。
我们被当作礼物送人。
我们被关在动物园。
我们被猎杀后贩卖。
出售
不久之前，阿拉斯加那边流行驾驶着飞机捕杀北极熊。
干得漂亮！
有时候，他们会用奇奇怪怪的工具来猎杀我们。

第五章
人类：潜在威胁还是实际的危险
如今，还有少量北极熊会被人类捕杀。不过，真正的威胁并不是他们有意造成的。
千里之外，人类使用并丢弃许多不同的危险化学品。

北大西洋洋流
海风和洋流把那些有害的化学品带到我们的家门口。

这些污染物是亲脂性的，也就是说，它们容易溶解在脂肪里。
啊，我吃的东西上都有这玩意儿？
海豹脂肪

一只北极熊体内可能含有400多种有害物质。
海豹脂肪

污染物会沿着食物链向上传递，层次越高，污染物的浓度越大。
还记得我们的朋友硅藻吗？
它含有的化合物不多。假如喜欢吃硅藻的桡足类动物仅仅摄入了有害物质的一个分子。
一条北极鳕吃掉1000个桡足类动物后，摄入的就是1000个分子。
一只环斑海豹吃掉1000条北极鳕，它体内就有了1 000 000个分子。
那些有害物质不会消失，它们的数量会一直增加！这种现象被称作生物放大。
北极熊的身体会尽可能分解这些有害物质，它们也擅长做这个，但是这些有害物质被排出体外前会很活跃。

这些有害物质和体内的有些激素特性比较像，会干扰北极熊正常的发育和繁殖。
海豹脂肪
容易涂抹！
营养又美味！
可能存在的副作用：骨质脆弱，器官受损，生育能力降低，免疫系统受到抑制，学习能力下降，神经功能障碍，生殖器官萎缩，以及其他可怕的疾病。
有害物质会通过母乳直接传递给北极熊宝宝。
北极熊宝宝是受污染影响最严重的动物之一。
人类如何才能阻止这种现象？
政府可以制定和执行一些保护环境的法案。
多氯联苯*在国际上被禁用之后，它在北极熊宝宝体内的含量明显下降。
环境保护法案
*多氯联苯：一类人造有机化学物质。

人们可以使用一些不会产生有害物质的天然产品。
小的改变就能带来大的变化。

两个月以后……

我一直在想那些人类。
其实，有些人类在想办法帮助我们。

不过，他们造成的最大问题还不是我们体内的有害物质。
那是什么呢？
你们准备好了吗？这是一个大的话题。

告诉我们吧！
求求你了！
我们准备好了。
我们已经学会很多了！
确实，你们已经学到了很多。那么，在过去的9个月里，你们认为自己学到的最重要的是什么？
海豹！
冰！

阿尼克，为什么是海豹？
因为海豹是我们主要的食物啊，我一直在想怎样才能亲自抓到一只海豹！
哈哈哈，真的吗？

伊拉，你说说为什么是冰呢？
嗯……

你不是说过
我们是唯一能在冰上
生存的熊吗？
熊族日报

我们知道了
冰是如何成为我们
整个食物网的
基础。

我们要在冰上行走，
才能抓到在冰下生活
的环斑海豹。

我们还能在这里
找到我们的配偶，建
造我们的洞穴。

如果没有
冰，也就没有
北极熊了！

如果我告诉你们，
越来越多的浮冰正在
慢慢消失呢？
不！
你说过
它们每年都
会消失。

那如果它们再也
回不来了呢？

先说说我们生活的地球吧。（我说过这是一个大的话题。）
只是大吗？我是巨大！
地球被一层叫作“大气”的气体包裹着。
我超级厉害，其他行星连棵树都长不出来呢！
地球表面接受太阳辐射后受热，释放出的辐射大部分被大气吸收，帮助地球保持一定的温度。
这就像北极熊厚厚的皮毛！
随着大气中的温室气体增多，吸收的热量也更多，导致地球的温度越来越高。
啊，还好吧，我觉得状态不错。
过去的100年里，地球的平均温度上升了大约0.8℃，而2010—2019年是有记录以来最热的10年。
呼！谁能帮我个小忙？
这种现象被称作“全球变暖”。

导致大气中的温室气体
含量越来越高的原因有很多，
但都与人类活动有关。
二氧化碳是罪魁祸首，
它主要来自燃煤发电厂。
目前人类
使用的大部分电力
来自煤炭。
汽车、飞机、轮船等
交通工具也排放了非常
多的二氧化碳。
神清气爽！
人类喜欢开车去
很远的地方买自己
心仪的商品。
为了生产更多木材和纸制
品，可以吸收大量二氧化碳的
森林正遭受永久性的破坏。
此外，牲畜和稻田
产生的甲烷和一氧化
二氮也是造成全球变
暖的重要原因。
人类吃的肉比以往
任何时候都要多。

为什么北极更严重？

随着冰不断融化，反照率下降导致变暖加速。

啊，不，我的反照率！

什么是反照率？

白色的冰要比海水反射能力强，冰融化后，冰下面深色的海水会吸收一些本该被反射回去的能量。

哇，让我来个日光浴吧！

停！知道你在干什么吗？

你为什么这样？

这是我的天性。

永久冻土里面储存了大量的甲烷气体。

随着气温上升，这种温室气体也被释放出来，情况变得更加糟糕。

海洋和空气中的热量开始持续增加，进入一种恶性循环。浮冰会变得越来越薄，结冰的速度完全赶不上融化的速度。

多年冰最终会消失。其实，已经消失很多了！

春天是一年中很
重要的季节，那时会有
很多海豹宝宝出生。我
们需要储备脂肪来迎接
难熬的夏天。

咕噜！
咕噜！
咕噜！
但相比30年前，
如今，哈得孙湾等一些
地区的海冰会提前三个
星期融化。也就是说，
我们要提前三个星期
赶往那一片海域。

捕猎的时间变短了，我们
没法像以前那样储备足够的
脂肪。秋天来得也晚了，我们
必须消耗更多脂肪度过
难熬的几个月！

由于食物减少，年轻的北极
熊更难生存。一些存活下来
的北极熊幼崽还没长大，
没法跟着北极熊妈妈
回到冰上。
我们迫切地
需要食物，许多
北极熊开始去
人类的居住
地寻找。

有些北极熊已经被
称作“食人熊”了。

那北极熊会吃
自己的同类吗？
我也不确定，
但是听说过
这样的事。

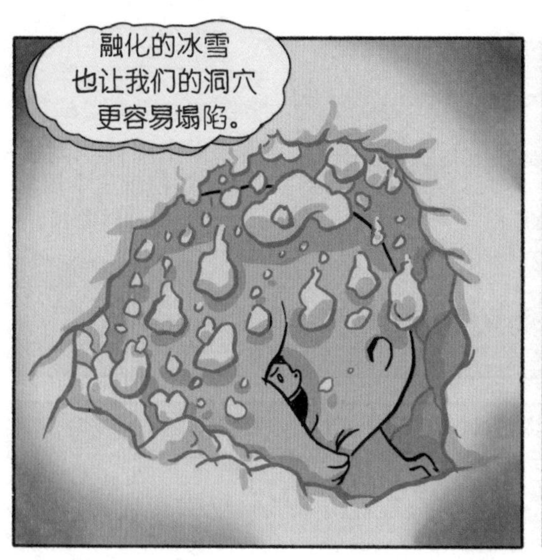
融化的冰雪
也让我们的洞穴
更容易塌陷。

? ? ? ? ? ?
浮冰不断地在海上漂荡，不确
定会漂向哪里，雄性北极熊想追踪
雌性的气味变得越来越困难。

北极熊是依靠海冰生存的
四大北极哺乳动物之一。
我们在
海冰上休憩
和度假。
我们在
海冰上养育
小宝宝。
海冰是我们
夏季换毛休息
的地方。
海冰是我们
的一切。

还记得吗，浮冰的形成
为藻类的生长创造了条件，
它们会附着在浮冰下面。

没有浮冰，
一切都是徒劳。
浮冰是整个北极
食物网的基础。

北极地区现存19个不同亚种群的北极熊，数量大约有20 000—25 000只。
以目前的趋势，到21世纪中叶，有1/2到2/3的北极熊会从北极消失。
我们怎样才能拯救北极熊？
拯救北极熊的一些设想
在海上搭建一些大型塑料平台！
从世界其他地区运一些海豹过来！
海豹运输
你们谁签收一下？
把所有北极熊转移到地球的另一端——南极！
当地居民说冬天要到六月才来！
把我给整懵了。

怎样才能真正帮到北极熊？

拯救北极熊的一些措施

写一些文章来呼吁大家重视气候变化。

使用节能灯泡和家电。

妈妈，这些
是人类可以做的。
我们能做些
什么呢？
嗯，有人说
我们必须弄清楚
这个问题。
怎么
做？
没人
知道。

远离冰面的时间越
长，意味着我们遇到灰
熊的可能性越大。
我们之前
见过吗？
这会发生一些
浪漫的故事。

北极熊和
灰熊已经共享了
一部分基因。
不像话！

北极熊和灰熊生
的宝宝会兼具双方
的部分特征。
那些被
北极熊妈妈养大
的宝宝会学着变
成北极熊。
灰北极熊

如果生活方式变了，
一些北极熊可能会融入
灰熊，但是它们从小学的
是如何在冰上而不是陆地
上生存，所以最后它们
很有可能会消失。

妈妈，你说的这些让我很沮丧！
喂，是你要我说的！“告诉我们吧！我们准备好了！”如果你们想要全面地了解北极熊，这是很重要的一部分。

我也不知道将来会发生什么，不过我知道你们两个都是坚强的幸存者，你们具备在冰上求生的能力。

我想……很快你们就要自己独立生活了。
嗅！

嗅——
妈妈！
不错，伊拉，需要我去抓住它吗？
不，妈妈，让我来。

—词 汇 表—

哺乳动物

哺乳纲动物的统称。体表有毛，雌性有乳腺，可以给幼崽哺乳，一般是胎生。

多氯联苯

一类人工合成的有机物。虽然已在全球范围内禁止使用，但至今仍然是北极地区最主要的污染物之一。

发情期

动物愿意接受交配的一段时期。

反照率

从非发光体表面反射的辐射与入射到该表面的总辐射之比，反照率高的物体表面反射的光更多，吸收的光更少。

气候

某区域长时期的平均天气状况。科学家们可以通过研究气候的变化来确定温度、降水和其他因素在数十年乃至上百年内的变化趋势。

亲脂性

用来描述某种成分溶解或结合于脂肪、脂质的特性。亲脂性化学污染物会和海豹体内的脂肪结合，留在海豹体内，而海豹脂肪是北极熊的主要食物来源。

全球变暖

由于二氧化碳、甲烷以及其他温室气体在大气中含量的增加而导致的全球气温升高的现象。

生物放大

指某些在自然界中不能或难以降解的化学物质，在环境中通过食物链向上传递，浓度逐步增大的现象。

食肉目

哺乳纲下面的一目，其成员通常拥有锋利的爪子和尖尖的牙齿，有能够消化肉类的消化系统，每只脚至少长有4个脚指头。不要和“肉食动物”搞混了，因为一小部分食肉目动物并不吃肉。

亚成体

动物幼体到成体之间的过渡时期，外形与成体相似，但是性腺尚未成熟的发育阶段。

— 和冰有关的术语 —

冰针

悬浮在水中的针状或薄片状的细小冰晶。

浮冰

浮在水面的能随风、水流漂浮的冰。

固定冰

海岸、岛屿或海底部分冻结在一起的冰。

饼冰

又称莲叶冰。直径30厘米到3米，厚度在10厘米左右的圆形冰块，由于彼此碰撞而具有隆起的边缘。

尼罗冰

由油脂状冰变厚形成的有弹性的薄冰壳层，表面无光泽，厚度在10厘米以内，在波浪的作用下容易弯曲。

油脂状冰

由冰针凝结而成的冰层，反光微弱，冰面无光泽。

—注 释—

第4页

在北极的某些地区，夏天浮冰会完全融化，北极熊无法捕食，只能依靠它们体内储存的脂肪生存，等待着秋季再次结冰。不过，随着浮冰的南部边缘逐渐消融，一些北极熊可以向北移动，继续留在冰上。但是北方的海冰生物比较少，海豹也很少。所以，在春季冰冻期，北极熊会回到南方，因为那里猎物更多。

第11页

晨曦熊是复杂进化树的一个分支，它在进化到北极熊的过程中，也衍生了许多其他物种的熊，其中包括已经灭绝的洞熊。虽然它们都可以追溯到晨曦熊，但现在的北极熊在基因上和棕熊有着更多的共同之处。在进化史上，北极熊是从棕熊分支出来的。

第33页

最高纪录保持者是一只雌性北极熊，她在波弗特海游了9天。远距离游泳大约消耗了它22%的身体脂肪，还导致它失去了宝宝。科学家认为，在此之前北极熊基本上不会进行远距离游泳，因为北极地区几乎没有大面积的开阔水域。

第90—91页

气候变化、环境污染和其他人为威胁会影响北极熊的生活，书中提到的研究项目对于收集这些信息至关重要。故事中的北极熊只是为了达到喜剧效果，实际上，它会生活得很好！关于给野生北极熊安装跟踪器的长期影响，已经有好几项调查研究，没有一项研究显示安装追踪器对研究对象有不利的影响。

第94—96页
书中提到的这些化合物统称为持久性有机污染物（POP）。顾名思义，这些污染物在环境中和在北极熊体内都会持久存在。更加复杂的是，当很多污染物在北极熊体内处于代谢状态时，危害性更大。

第103页
每年，美国国家海洋和大气管理局（NOAA）都会发布一份《北极报告》，公布最新的科学发现和一段时间的气候趋势。2017年，根据报告，北极地表平均气温是自1900年以来第二高的一年（最高的年份是2016年）。那些更厚、更久远的海冰只占整个冰层的21%（1985年是45%），这意味着79%的冰是一年内刚刚形成的。趋势显示，北极海冰正在以1500年来最快的速度融化。该报告发布时，研究项目负责人杰里米·马西斯表示："北极正面临人类历史上前所未见的变化。"

第109页
阿拉斯加东南部群岛上的棕熊研究人员发现，岛上有一种熊身体特征像灰熊，但拥有北极熊的DNA。他们猜想这种熊是由上一次冰河时代末期滞留在本地的北极熊和迁徙到岛屿上的棕熊杂交进化而来。